BEI GRIN MACHT SICH IHR WISSEN BEZAHLT

- Wir veröffentlichen Ihre Hausarbeit,
  Bachelor- und Masterarbeit

- Ihr eigenes eBook und Buch -
  weltweit in allen wichtigen Shops

- Verdienen Sie an jedem Verkauf

Jetzt bei www.GRIN.com hochladen
und kostenlos publizieren

Verena Metzke

Adipositas im Kindesalter. Ursachen, Risikofaktoren und Präventivmaßnahmen

GRIN Verlag

Bibliografische Information der Deutschen Nationalbibliothek:

Die Deutsche Bibliothek verzeichnet diese Publikation in der Deutschen National-
bibliografie; detaillierte bibliografische Daten sind im Internet über http://dnb.d-
nb.de/ abrufbar.

Impressum:

Copyright © 2014 GRIN Verlag, Open Publishing GmbH
Druck und Bindung: Books on Demand GmbH, Norderstedt Germany
ISBN: 978-3-668-00726-0

Dieses Buch bei GRIN:

http://www.grin.com/de/e-book/286878/adipositas-im-kindesalter-ursachen-risiko-
faktoren-und-praeventivmassnahmen

ADIPOSITAS IM KINDESALTER
Ursachen, Risikofaktoren und Präventivmaßnahmen

Inhaltsverzeichnis

1 EINLEITUNG

Adipositas im Kindes- und Jugendalter ist im Gesundheitssektor ein sehr aktuelles und wichtiges Thema. Überschriften wie „Übergewicht bei Kindern – Generation Pommes"[1], „Übergewichtige Kinder – Generation XXL"[2], „Dicke Kindergartenkinder werden oft dicke Schulkinder"[3] zieren Artikel vom Wochenmagazin Stern und auch der Focus berichtet darüber im Internet.

Alle genannten Artikel beschäftigen sich mit derselben Problematik, welche auch laut der Weltgesundheitsorganisation (WHO) *„eine der größten Herausforderungen des Gesundheitswesens im 21. Jahrhundert"* ist. Seit den 80er Jahren hat sich die Prävalenz in den Europäischen Ländern verdreifacht, und die Zahlen der Betroffenen, vor allem bei Kindern, steigen in alarmierender Geschwindigkeit.

Europa nähert sich der Fettleibigkeit – Adipositas.

Zudem ruft die WHO auf, die Politik sollte Möglichkeiten zu körperlichen Aktivitäten fördern und die Verfügbarkeit, als auch die Zugänglichkeit von gesunden Lebensmitteln erschwinglich für jedermann gestalten.

(vgl. WHO)[4]

In Deutschland leiden ein Großteil der Erwachsenen, Kinder und Jugendlichen an massiven Gewichtsproblemen.

Das Robert-Koch-Institut (RKI) berichtet folgendes:

„Aus aktuellen Meldungen geht hervor, dass die Übergewichtsproblematik im Kindes- und Jugendalter hoch ist und die Zahl der Betroffenen weiter steigt. Entsprechend den Ergebnissen des Kinder- und Jugendgesundheitssurveys (KiGGS) sind 15 % der Kinder in Deutschland übergewichtig und 6,3 % adipös. Der Vergleich mit den Referenzdaten von Kromeyer-Hauschild aus den 1990er-Jahren lässt auf einen deutlichen Anstieg schließen. Eine weitere Informationsquelle zur Darstellung der Prävalenz von Übergewicht und Adipositas im zeitlichen Verlauf sind die regelmäßig durchgeführten Einschulungsuntersuchungen". [5]

Was sind die Ursachen und Faktoren für dieses rasant wachsende Problem, welches die Gesundheitspolitik vor große Herausforderungen stellt? Liegt wirklich alles nur am unbewussten Ernährungsstil und an mangelnder Bewegungsaktivität? Ist etwa doch nur die Genetik daran beteiligt? Welche Folgen hat Adipositas für betroffene Kinder und ihre Familien? Welche Präventivmaßnahmen können dem entgegenwirken?

Ich werde in der vorliegenden Facharbeit auf diese Fragen näher eingehen, sowie die gesundheitlichen, psychosozialen und gesellschaftlichen Auswirkungen beleuchten, die Adipositas mit sich bringt.

---

[1] http://www.stern.de/gesundheit/ernaehrung/uebergewicht-abnehmen/uebergewicht-bei-kindern-generation-pommes-615768.html

[2] http://www.stern.de/wissen/mensch/uebergewichtige-kinder-generation-xxl-524828.html

[3] http://www.spiegel.de/gesundheit/ernaehrung/us-studie-dicke-kindergartenkinder-werden-dicke-schulkinder-a-946338.html

[4] http://www.euro.who.int/en/health-topics/noncommunicable-diseases/obesity

[5] http://www.rki.de/SharedDocs/Publikationen/DE/2007/M/Moss_A.html?nn=2384400&cms_abstrakt=true

2 Übergewicht ist nicht gleich Adipositas - Definition und Klassifikation

Im Roche-Lexikon wird **Übergewicht / Adipositas** folgendermaßen definiert:

„Übergewicht: das mindestens 10% über dem Sollgewicht liegende Körpergewicht."
(Roche Lexikon Medizin, 5. Auflage, 2003:1881)

„Adipositas, Obesitas, Fettleibigkeit: meist generalisierte Vermehrung des Fettgewebes u. übermäßige Körpergewichtserhöhung infolge positiver Energiebilanz [...]"
(Roche Lexikon Medizin, 5. Auflage, 2003:23)

Eine konkretere und exaktere Definition ist in Texten und Büchern gegeben, die sich mit dem Thema Adipositas beschäftigen. Allerdings wird in der Literatur oftmals Adipositas dem Begriff Übergewicht gleichgestellt. Die Definition der beiden Begriffe ist jedoch zu unterscheiden.

„Eine Adipositas besteht, wenn der Anteil des Fettgewebes an der Gesamtkörpermasse über eine definierte Grenze kritisch erhöht ist [...]
*Während bei der Adipositas die erhöhte Fettmasse ausschlaggeben ist, liegt **Übergewicht** vor, wenn das körperhöhenbezogene Körpergewicht ein bestimmtes Maß überschreitet. Adipositas ist in den meisten Fällen mit Übergewicht verbunden, aber Übergewichtige sind nicht zwangsläufig adipös."*
(Wabitsch et al. Adipositas bei Kindern und Jugendlichen, 2005:4)

Es existieren einige verschiedene Methoden zur Bestimmung der Körperfettmasse, wie beispielsweise die Magnetresonanztomographie, die
Dual-X-Ray-Absorbtionsmetrie (DXA) oder die Messung der Hautfaltendicke.
Die Messung der Hautfaltendicke ist eine einfache, non-invasive (nicht in den Körper eindringende) Bedside-Methode, die auch mit wenig Kooperation bei Kindern und Neugeborenen angewandt werden kann. (vgl. Wabitsch et al.)
Die beiden anderen genannten Methoden sind jedoch sehr aufwendig und mit hohen Kosten verbunden, zudem auf Grund der Strahlenbelastung für Kinder nur bedingt geeignet. Somit wird Adipositas nach internationalen Empfehlungen mittels des Body-Mass-Index (BMI) definiert.
Der BMI errechnet sich durch das Körpergewicht in Kilogramm dividiert durch das Quadrat der Körperlänge in Metern:

$$BMI = \frac{\text{Körpergewicht (kg)}}{\text{Körperlänge (m)}^2}$$

Abb. 1: Berechnung des Body-Mass-Index'

Kategorie	BMI	Risiko für Begleiterkrankungen des Übergewichts
Untergewicht	< 18,5	Niedrig
Normalgewicht	18,5 – 24,9	Durchschnittlich
Übergewicht	≥ 25,0	
Präadipositas	25 – 29,9	gering erhöht
Adipositas Grad I	30 – 34,9	erhöht
Adipositas Grad II	35 – 39,9	hoch
Adipositas Grad III	≥ 40	sehr hoch

Tab. 1: Gewichtsklassifikation bei Erwachsenen anhand des BMI (nach WHO, 2000)

Quelle: http://www.adipositas-gesellschaft.de/index.php?id=39

Im Gegensatz zu Erwachsenen, bei denen feste Grenzwerte zur Einteilung der verschiedenen Gewichtskategorien vorliegen, wird der BMI im Kindes- und Jugendalter von den physiologischen Änderungen der prozentualen Körperfettmasse beeinflusst und daher können die Grenzwerte der Erwachsenen nicht zur Beurteilung des Gewichts von Kindern und Jugendlichen übernommen werden.
Bei Kindern und Jugendlichen wird zusätzlich zur Berechnung die alters- und geschlechtsbezogene BMI-Perzentile berücksichtigt. Mit Hilfe von Perzentilenkurven werden im Wesentlichen Kopfumfang, Körpergröße und Gewicht beurteilt.

Die Deutsche Adipositasgesellschaft (DAG) empfiehlt *„die Verwendung des 90. bzw. des 97. alters- und geschlechtsspezifischen Perzentils [...] als Grenzwert zur Definition von Übergewicht bzw. Adipositas. Die extreme Adipositas wird über einen BMI >99,5 Perzentil definiert. Diese rein statistische Festlegung der Grenzwerte ermöglicht bei Verwendung der neuen Referenzstichprobe für deutsche Kinder und Jugendliche einen nahezu kontinuierlichen Übergang zu den o.g. festen Grenzwerten im Erwachsenenalter"*
(Leitlinien der Arbeitsgemeinschaft Adipositas im Kindes- und Jugendalter (AGA), S2-Leitlinie Version 2012:19)

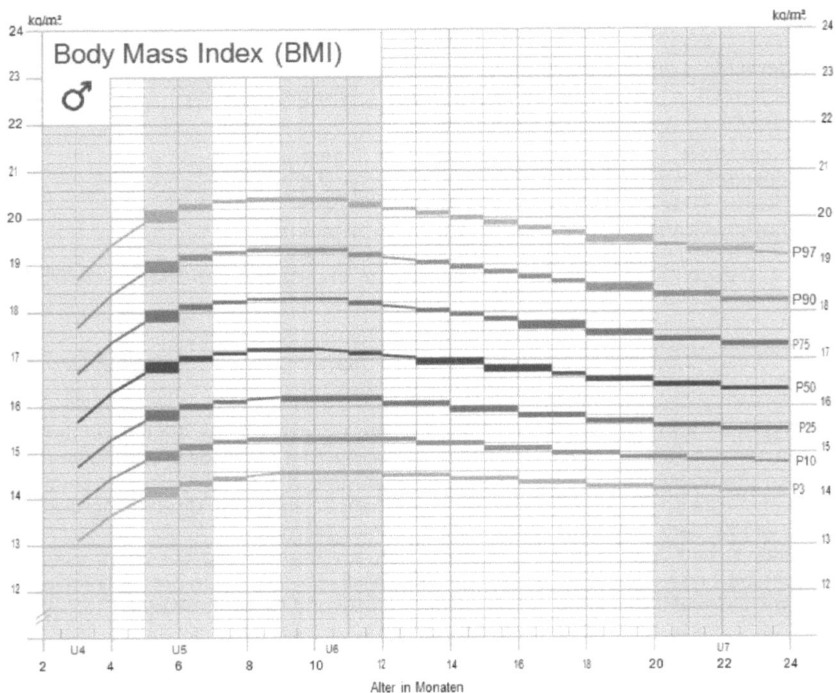

Abb. 2: Perzentilekurven für BMI (in kg/m²) bei Jungen im Alter von 3 bis 24 Monaten (KiGGS 2003 – 2006) [nach: Eur J Clin Nutr 2010, 64: 341–349]

Quelle:
https://www.rki.de/DE/Content/Gesundheitsmonitoring/Gesundheitsberichterstatt ung/GBEDownloadsB/KiGGS_Referenzperzentile.pdf?__blob=publicationFile

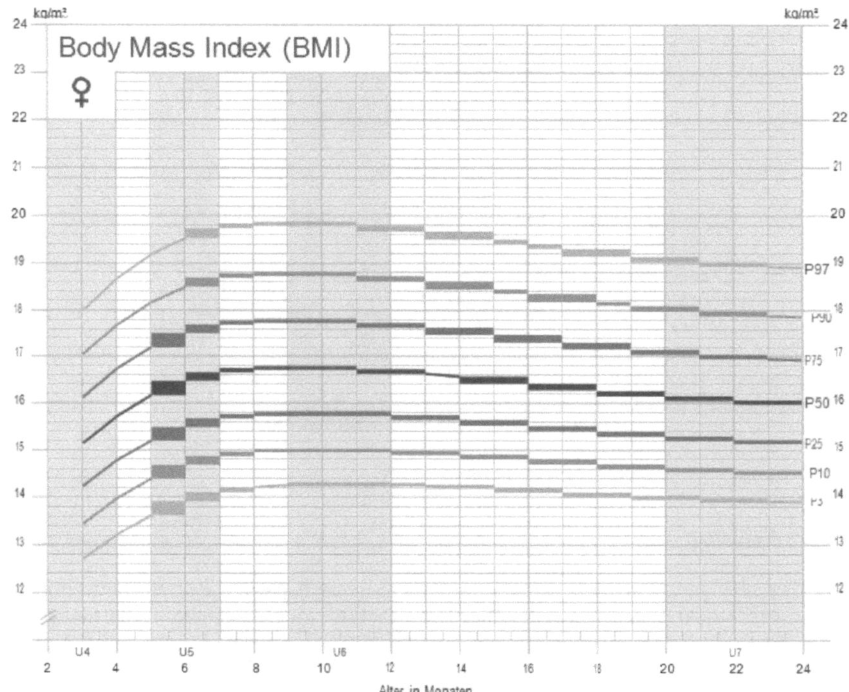

Abb. 3: Perzentilekurven für BMI (in kg/m²) bei Mädchen im Alter von 3 bis 24 Monaten (KiGGS 2003 – 2006) [nach: Eur J Clin Nutr 2010,64: 341–349]

Quelle:
https://www.rki.de/DE/Content/Gesundheitsmonitoring/Gesundheitsberichterstatt
ung/GBEDownloadsB/KiGGS_Referenzperzentile.pdf?__blob=publicationFile

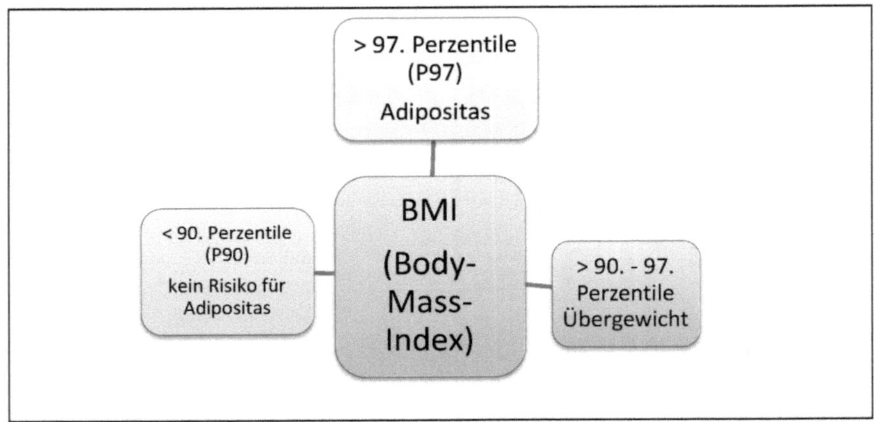

Abb. 4: BMI und Perzentilewerte

2.1 Prävalenz

Die Adipositas hat sich im Gesundheitssektor zu einem großen Kernproblem entwickelt. Die Prävalenz von Übergewicht und Adipositas im Kindesalter steigt stetig an und verdeutlicht die Brisanz dieses wichtigen Themas. Die WHO bezeichnet Adipositas als Epidemie des 21. Jahrhunderts und als größtes chronisches Gesundheitsproblem. Bei Übergewicht und Adipositas handelt es sich längst nicht nur um ein „Gewichtsproblem", sondern um eine ernstzunehmende Gesundheitsstörung die bereits schon im Kindesalter auftreten kann.

Die Ergebnisse des Kinder- und Jugendsurveys des Robert-Koch-Instituts zeigen folgendes auf:

Von 14.747 Kinder und Jugendliche im Alter von 3 - 17 Jahren (7530 Jungen und 7217 Mädchen), die als Probanden an der KIGGS-Studie teilnahmen, liegen BMI-Messwerte vor.
15% der Kinder und Jugendlichen im Alter von 3 - 17 Jahren bringen zu viel auf die Waage, sind also übergewichtig, 6,3% davon sind sogar adipös. Rechnet man dies auf Deutschland hoch, kommt man zu dem Ergebnis, dass ca. 1,9 Millionen Kinder und Jugendliche übergewichtig sind und 800.000 Kinder davon leiden unter Adipositas.

Alleine bei den 3- bis 6-jährigen Übergewichtigen steigt der Anteil um 9%. Eine Adipositas liegt bei 2,9% der 3- bis 6-jährigen vor.
Betrachtet man diese Ergebnisse der Referenzdaten aus den 80er- und 90er-Jahren, so lässt sich feststellen, dass sich die Prävalenz bei übergewichtigen und adipösen Kindern um 50% erhöht hat.
(vgl. http://edoc.rki.de/oa/articles/reryPJPcmUGw/PDF/20pyWvIPNYV52.pdf)

Die Entstehung von Übergewicht bzw. Adipositas lässt sich augenscheinlich eigentlich recht leicht beantworten: *„Die Gewichtsentwicklung erfolgt in Abhängigkeit vom Gleich- bzw. Ungleichgewicht von Energieaufnahme und Energieverbrauch [...]. Übergewicht und Adipositas sind somit das Resultat längerer Phasen einer positiven Energiebilanz"* (Adipositas im Kindes- und Jugendalter, Lehrke, Laessle 2. Auflage, 2009:13)

Wenn man diese Begründung alleine betrachtet, könnte man zu der Schlussfolgerung kommen, dass sich jeder Übergewichtige falsch ernährt und einen Bewegungsmangel aufweist. Jeder Übergewichtige könnte quasi abnehmen, wenn er weniger essen und mehr Sport treiben würde, somit wäre eine geringere Energieaufnahme und ein höherer Energieverbrauch die Lösung des Problems. Leider ist das auch heute noch die Einstellung und das Denken unserer Gesellschaft, so dass Menschen mit Übergewicht Maßlosigkeit, Faulheit und Bequemlichkeit vorgeworfen werden. Allerdings sind die Faktoren und Ursachen für die Entwicklung von Adipositas weitaus komplexer und müssen genauer betrachtet werden. Im Folgenden soll nun auf die verschiedenen Ursachen / Faktoren, die beteiligt sind an der Entstehung von Adipositas, eingegangen werden.

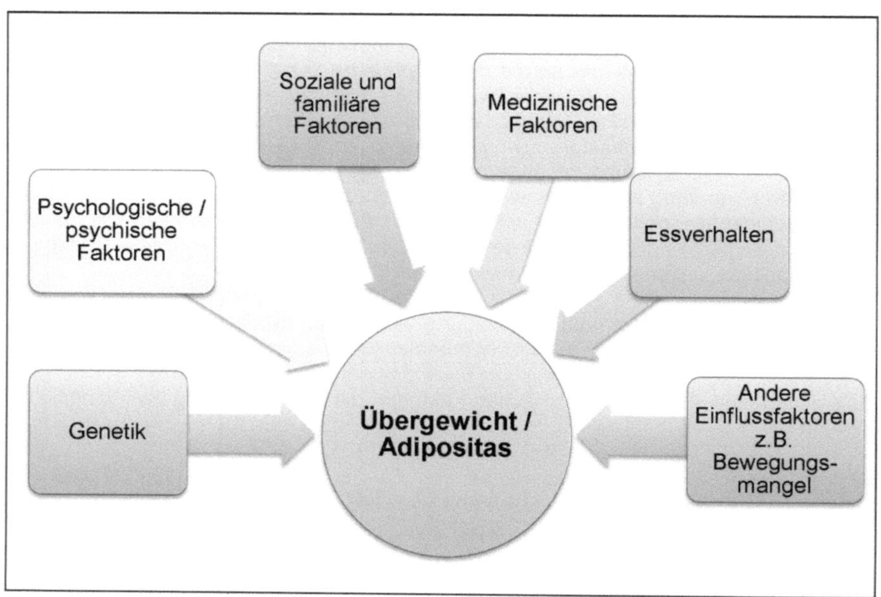

Abb. 5: Einflussfaktoren, die Übergewicht und Adipositas verursachen können

3.1 Genetische Faktoren

Aus der Gesundheitsberichterstattung des Robert-Koch-Instituts geht folgendes zur Genetik bezüglich Übergewicht und Adipositas hervor: *„Aus der genetischen Forschung weiß man, dass der BMI adipöser Kinder wesentlich enger mit dem der biologischen Eltern und Geschwister assoziiert ist [...]"* (Gesundheitsberichterstattung des Bundes, Übergewicht und Adipositas, RKI, Heft 16:12)

Sind beide Elternteile übergewichtig, weisen Kinder ein Risiko von 80% auf, ebenfalls adipös zu werden. Ist nur ein Elternteil betroffen, reduziert sich die Wahrscheinlichkeit auf 40% und Kinder schlanker Eltern haben hingegen nur eine Wahrscheinlichkeit von 20% adipös zu werden. (vgl. Lehrke et al.)
Im Rahmen der Zwillings- und Adoptionsstudien konnte nachgewiesen werden, dass den genetischen Faktoren eine bedeutende Rolle zugeordnet werden kann
(z. B. Wardle et al. 2008).
Die Zwillings-, Adoptions- und Familienstudien deuten alle auf eine genetische Komponente beim Erscheinungsbild bezüglich des Körpergewichts bzw. Adipositas hin. (vgl. Hebebrand et al., 1998) Bei eineiigen (monozygoten) Zwillingen konnte festgestellt werden, dass sie sich bezüglich des Körpergewichts wesentlich ähnlicher sind als zweieiige (dyzigote) Zwillingspaare.
Der BMI von monozygoten Zwillingen ist erstaunlicherweise in etwa gleich, auch wenn diese getrennt voneinander aufgewachsen sind.

„Zusammengefasst sprechen die vorliegenden formalgenetischen Befunde für eine hohe Erblichkeit des BMI, die an die der Körperhöhe heranreicht. Hiernach würden genetische Faktoren 50 - 80% der Varianz des BMI erklären. In die Erblichkeitsschätzungen fließen direkte und indirekte genetische Faktoren ein. Während gemeinsam erlebte Umweltfaktoren möglicherweise im Kindesalter noch Einfluss auf den BMI nehmen, scheinen mit zunehmendem Alter getrennt erlebte Umweltbedingungen an Bedeutung stark zu gewinnen. Der genetische Einfluss auf den BMI kann als die Summe aller genetischen Einflüsse auf Stoffwechsel und Verhalten aufgefasst werden, die Energieaufnahme und -verbrauch bestimmen." (Wabitsch et al., Adipositas bei Kindern und Jugendlichen, 2005:31)

Ein Kind bekommt lediglich die Veranlagung vererbt und nicht die Adipositas selbst, somit bedeutet dies, dass ein Kind nicht automatisch übergewichtig wird.

Es existiert eine Reihe von genetischen Faktoren, die zur Entstehung der Adipositas beitragen.

- *Lipolyse im Fettgewebe*
- *Muskelzusammensetzung und Oxidationspotential*
- *Fettpräferenz*
- *Thermogenetischer Effekt der Nahrung*
- *Spontane körperliche Aktivität*
- *Insulin-Sensivität*
- *Leptinspiegel (WHO Consulation on Obesity 1998)*

Quelle: Lehrke, Laessle, Adipositas im Kindes- und Jugendalter, 2009:20

Grundlagen für Erkrankungen, wie beispielsweise Adipositas, können bereits im Mutterleib gelegt werden. Die Ernährung als auch der Hormonhaushalt der Mutter spielen hier bereits eine bedeutende Rolle. Die fetale Programmierung ist angeboren, aber nicht vererbt. Studien zeigten eine starke Wechselbeziehung sowohl zwischen mütterlicher Adipositas, der Ernährung in der Schwangerschaft als auch mütterlichem Diabetes mellitus Typ 2 und Nikotinabusus. All diese Faktoren sind ein beträchtliches Risiko für das ungeborene Kind früh an Adipositas und Diabetes mellitus Typ 2 zu erkranken. Man geht davon aus, dass eine intrauterine Prägung des Feten stattfindet. Diese Prägung findet tatsächlich nur an den Genen statt. Es werden bestimmte Sequenzen angeschaltet, die unter anderen Bedingungen nicht aktiviert werden würden.
(vgl. F. Louwen, Fetale Programmierung, Gynäkologe 2014, 47:655–659)

3.2 Psychologische und psychosoziale Faktoren

Ein weiterer bedeutender Faktor bei der Entstehung von Adipositas stellen psychologische und psychosoziale Einflüsse dar.
Das Ess- und Aktivitätsverhalten ist hierbei von besonderer Bedeutung. Emotionale Faktoren als auch Lernprozesse beeinflussen die Häufigkeit der Nahrungs- und Kalorienaufnahme bereits im Kindes- und Jugendalter. Eltern prägen ihre Kinder mit deren Ess-, Trink- und Bewegungsverhalten, welches von den Kindern übernommen wird. Zu einem Ungleichgewicht kann es kommen, wenn Essen als Trost oder Belohnung in nicht passenden Situationen eingesetzt wird. So festigt sich dieses angelernte Verhalten und es wird in Zukunft Nahrung nicht nur bei Hunger, sondern bei allen Gefühlszuständen aufgenommen. Brakhoff machte 1987 eine Untersuchung und kam zu dem Ergebnis, dass 38% der Befragten aus Langeweile essen, 22% bei Einsamkeit und 11% bei depressiver Verstimmung. Aufgrund ihrer Gefühlslage geraten betroffene Kinder und Jugendliche in einen Teufelskreis und essen ohne Hunger zu haben. Wolf (1993) nennt als Ursache für eine Nahrungsaufnahme ohne ein Hungergefühl zusätzlich seelische Probleme, widerwillige Empfindungen wie Stress, Angst und Einsamkeit.
Eine strenge Kontrolle des Essverhaltens eignet sich nicht zur Gewichtsregulation.
(vgl. Lehrke, Laessle, Adipositas im Kindes- und Jugendalter, 2009: 21-22)

Die Familie ist der wohl wichtigste soziale Kontext für die Entwicklung eines Kindes. Sie prägt die Lebenswelten, in der die Gesundheit maßgeblich geformt und determiniert wird. Soziales Verhalten und Einstellungen werden erstmalig angenommen. Der familiäre Einfluss bleibt nahezu über den gesamten Lebenslauf bestehen und zeigt sich in unterschiedlichem Ausmaß.
(vgl. Matthias Richter et al., Gesundheit, Ungleichheit und jugendliche Lebenswelten, 2008:19-20)
Da wir heute in einer Überflussgesellschaft leben, wo Nahrungsmittel mit hoher Energiedichte im Überfluss vorhanden und jederzeit verfügbar sind, wird das gemeinsame Einnehmen der Mahlzeiten im Familienkreis immer unbedeutender. Die Nahrungsaufnahme wird somit schon im Kindesalter von äußeren Faktoren stark beeinflusst und die heutige Wertschätzung ist anders. Die Gehalts- und Bildungsklasse der Eltern ist ebenso ausschlaggebend, ob Kinder an Übergewicht und Adipositas erkranken.
Somit erscheint es einleuchtend, dass sozial schwache Eltern weniger hochwertige Nahrungsmittel kaufen und körperliche Aktivitäten wegen eingeengter Wohnverhältnisse und nicht vorhandener Spielplätze sehr eingeschränkt sind.
Soziale Faktoren spielen eine große Rolle bei der Entstehung des kindlichen Übergewichts. Epidemiologische Studien bestätigten, dass Stadtkinder mehr als Landkinder von Übergewicht betroffen sind, da sie einen bewegungsärmeren Lebensstil führen.
(vgl. Monatsschr Kinderheilkd 2003 · 151:227–236 DOI 10.1007/s00112-002-0659-9, M. Holub, M. Götz, Ursachen und Folgen von Adipositas im Kindes- und Jugendalter)
Als weitere Faktoren werden erhöhte Belastungen mit Umweltgiften, die den Stoffwechsel schädigen und Lichtbelastungen vermutet.

Kinder mit Migrationshintergrund sind vergleichsweise doppelt so häufig übergewichtig als deutsche Kinder (20,2% versus 11,7%) gleicher Sozialschichten, zudem leben nicht-deutsche Kinder doppelt so häufig in bildungsschwachen Familien und es besteht ein nennenswertes Risiko für Übergewicht und Adipositas.
(vgl. Bundesgesundheitsbl 2010, 53:707–715, DOI, 10.1007/s00103-010-1081-4, Online publiziert: 11. Juni 2010, © Springer-Verlag, Bundesgesundheitsbl 2010, D. Lange, S. Plachta-Danielzik, B. Landsberg, M.J. Müller, Soziale Ungleichheit, Migrationshintergrund, Lebenswelten und Übergewicht bei Kindern und Jugendlichen)

Die heutige Kindheit hat sich zur früheren Kindheit stark gewandelt. Das heutige Leben der Kinder gleicht dem auf mehreren Inseln, von denen jede eine andere Funktion ausübt. Die Kinder leben auf der „Wohninsel" und werden von dort zur „Kindergarteninsel" gefahren, oder zu Freunden, Verwandten, zu Vereinen und Institutionen, die irgendwelche Freizeitangebote für sie bereithalten. Das Ganze hat überhaupt keinen Bezug mehr zueinander, denn die Kinder erleben ihre Umwelt nicht mehr zusammenhängend, sondern als „Inseln". Die Eltern müssen ihre Kinder wegen dem hohen Verkehrsaufkommen und, da Wege oft nicht zu Fuß erreichbar sind, mit dem Auto bringen. Durch diese „Verinselung" kommt es zur Bewegungsarmut bei Kindern.

Viele angebotene Freizeitaktivitäten sind durch „körperliche Inaktivität" gekennzeichnet. Insgesamt bewegen sich Kinder und Jugendliche heutzutage weitaus weniger und sind deshalb motorisch ungeschickter als es früher der Fall war.
Spielen am Computer und fernsehen spielen eine wichtige Rolle bei der Entstehung von Übergewicht.
(vgl. Lehrke, Laessle, Adipositas im Kindes- und Jugendalter, 2009: 23)

Es wurden neben den erwähnten noch andere Risikofaktoren diskutiert:

- *Aufwachsen mit nur einem Elternteil*
- *hohe (niedrige) Bevölkerungsdichte*
- *Konsum von Snacks oder von stark zuckerhaltigen Softdrinks*
- *häufiges Einnehmen von Hauptmahlzeiten*
- *frühe Einführung von Beikost*
- *Verwendung von Einschlafflaschen mit kalorienhaltigen Getränke*

Quelle: Wabitsch et al., Adipositas bei Kindern und Jugendlichen,2005:23)

4 Folgen und Konsequenzen von Adipositas

In unserer Gesellschaft stellen Übergewicht und Adipositas ein großes gesundheitliches Risiko dar. Erstmals verwendet die WHO den Begriff „Epidemie" für eine nichtinfektiöse Erkrankung. Kleinkinder, Kinder und Jugendliche sind in bedrohlichem Ausmaß von der Übergewichtsepidemie betroffen. Bereits in jungen Jahren werden somit Voraussetzungen für verschiedene schwerwiegende Folgeerkrankungen wie Diabetes, Herz-Kreislauf-Erkrankungen, Erkrankungen des Bewegungsapparats und psychische Störungen geschaffen.

(vgl. I. Pigeot, W. Ahrens, Bremer Institut für Präventionsforschung und Sozialmedizin, XXL - die neue Generation?, Bundesgesundheitsbl 2010 53:641–642 DOI 10.1007/s00103-010-1087-y © Springer-Verlag 2010)

4.1 Medizinische Konsequenzen

Die „Epidemie" Adipositas hat eine Vielzahl von Folgeerkrankungen zu verzeichnen, welche nicht nur für Erwachsene ein hohes Risiko darstellen, sondern auch für Kinder und Jugendliche. Hier wird unterschieden zwischen medizinischen und psychologischen Folgeerkrankungen, welche zu einer erhöhten Mortalität (Sterblichkeit) führen.

Die medizinischen Folgeerkrankungen lassen sich in Erkrankungen, die bereits schon im Kindes- und Jugendalter entstehen und in Erkrankungen die im Kindes- und Jugendalter symptomarm verlaufen, einteilen. Allerdings sind die symptomarmen Folgeerkrankungen tückisch, da sie vor allem durch hervorgerufene Gefäßveränderungen maßgeblich sind und somit die Mortalität bestimmen.
Die meisten Erkrankungen führen schon im Kindesalter zu einer Gefäßwandveränderung, welche im Erwachsenenalter zu Schlaganfall, Herzinfarkt, Zuckerstoffwechselstörungen und durch die Beteiligung der kleinen Gefäße ebenso zu Nieren-, Nerven- und Augenschäden führen können.
Bei Autopsie-Studien, die an verstorbenen Jugendlichen durchgeführt wurden, konnte ein Zusammenhang der aufgezählten Erkrankungen sowie eine Arteriosklerose nachgewiesen werden. Das Mortalitätsrisiko steigt an, bei Kombination mehrerer Folgeerkrankungen.
(vgl. http://www.aga.adipositas-gesellschaft.de/index.php?id=321)

Kardiovaskuläres System	<ul><li>Hypertonie</li><li>koronare Herzkrankheit</li><li>linksventrikuläre Hypertrophie</li><li>Herzinsuffizienz</li><li>venöse Insuffizienz</li></ul>
Metabolische und hormonelle Funktion	<ul><li>Diabetes mellitus Typ II</li><li>Dyslipidämie</li><li>Hyperurikämie</li></ul>
Hämostase-Störung	<ul><li>Hyperfibrinogenämie</li><li>erhöhter Plasminogen-Aktivator-Inhibitor</li></ul>
Respiratorisches System	<ul><li>Schlafapnoe</li><li>Pickwick-Syndrom</li></ul>
Gastrointestinales System	<ul><li>Cholezystolithiasis</li><li>Fettleber</li><li>Reluxösophagitis</li></ul>
Bewegungsapparat	<ul><li>Gon- und Koxarthrose</li><li>Wirbelsäulensyndrome</li><li>Sprunggelenksarthrose</li></ul>
Haut	<ul><li>Intertrigo</li><li>Hirsutismus, Striae</li></ul>
Neoplasien	<ul><li>erhöhtes Risiko für Endometrieum-, Zervix-, Prostata- und Gallenblasenkarzinom</li></ul>
Sexualfunktion	<ul><li>reduzierte Fertilität</li><li>Komplikationen bei und nach der Geburt</li></ul>
Verschiedenes	<ul><li>erhöhtes Operationsrisiko</li><li>erschwerte Untersuchungsbedingungen</li><li>vorzeitige Berentung</li></ul>

Tab. 2: Erkrankungen, die häufig mit Adipositas und Übergewicht assoziiert sind

Quelle: (Wirth, Adipositas, 2000:47)

Bei den psychischen Erkrankungen, welche die Adipositas mit sich bringt, ist es schwierig zwischen Ursachen und Folgen zu differenzieren.

Folgende Ergebnisse fanden sich in einer deutschen Populationsstudie bei extrem adipösen Jugendlichen:

- Depression: 43%
- Angststörung: 40%
- Somatisierungsstörung: 15%
- Essstörung: 17%
    - Bulimie
    - Binge-Eating-Störung

Quelle: http://www.aga.adipositas-gesellschaft.de/index.php?id=321

Sonstige mit Adipositas assoziierte Erkrankungen:

- *Orthopädische Erkrankungen:*
    - *Gelenkschäden (Arthrose),*
    - *Gelenkfehlstellung (X-Beine, Plattfuß)*
    - *Abgleiten des Femurkopfes*
- *Hautinfektionen*
- *starke Kopfschmerzen bei Hirndruckerhöhung*
- *Niere: Proteinurie (erhöhte Eiweißausscheidung)*
- *Asthmaähnliche Beschwerden v.a. bei Anstrengung*
- *Schlaf-Apnoe-Syndrom*
- *Gallensteine: v.a. bei Gewichtsreduktion*
- *frühzeitige Pubertätsentwicklung bei Mädchen*
- *verspätete Pubertätsentwicklung bei Jungen*
- *Gynäkomastie bei Jungen, da Fettgewebe Androgene (männliche Hormone) zu Östrogenen (weibliche Hormone) umformen kann*

Quelle: http://www.aga.adipositas-gesellschaft.de/index.php?id=321

Die Entstehung von Diabetes mellitus im Zusammenhang mit der Nahrungsaufnahme

Unser Körper reagiert auf die Aufnahme von Kohlenhydraten (Zucker, Weißmehlprodukte etc.) und Eiweiß mit einem Anstieg von Insulin (Hormon, dass von der Bauchspeicheldrüse gebildet wird) und Blutzucker. Der Blutzucker setzt sich fest, der Überschuss wird in Fett umgewandelt und das Sättigungsgefühl tritt ein, der aufgenommene Zucker der Kohlenhydrate wird in Energie umgewandelt. Verzehren wir eine Mahlzeit zu schnell, haben unsere Sättigungszentren keine Zeit, zu prüfen, ob wir ausreichend Nahrung zu uns genommen haben. Das Hungergefühl wird somit nicht mehr gestillt und die Hungermeldungen werden nicht abgeschaltet, was zu einer überhöhten Aufnahme von Nahrungsmitteln führt, vor allem solche Nahrungsmittel, die dass Belohnungszentrum in hohem Maße ansprechen. Wird der Blutzuckerspiegel ständig und schnell verändert, entstehen sogenannte Blutzuckerspitzen und es kommt zu einer gestörten Insulinmengenbildung.

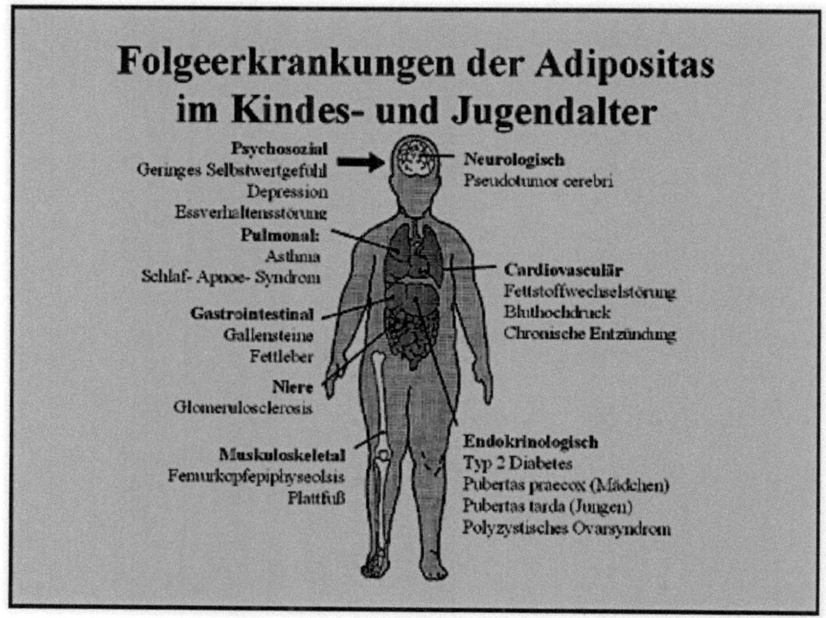

Abb. 6: Folgeerkrankungen der Adipositas im Kindes- und Jugendalter nach dem WHO Report 2002 [4]

Quelle: http://www.aga.adipositas-gesellschaft.de/index.php?id=321

4.2 Psychosoziale Folgen

Die psychosozialen Folgen für übergewichtige Kinder sind oft schwerwiegender als die medizinischen Konsequenzen. Übergewichtige haben es in einer Gesellschaft, die mit Vorurteilen behaftet ist, nicht einfach.
Bereits 4-jährige Kinder haben eine negative Sichtweise gegenüber fettleibigen Altersgenossen, bezeichnen sie als dumm, faul, hässlich, verlogen und schließen sie aus Gruppenaktivitäten aus. Mit zunehmendem Alter nimmt auch die Stigmatisierung deutlich zu, vor allem übergewichtige Mädchen werden negativ beurteilt, was mit einem erheblichen Leidensdruck und einem verminderten Selbstwertgefühl verbunden ist.
Häufig resultieren daraus im Jugendalter Essstörungen wie Bulimie und Anorexia nervosa, da ein verzerrtes Selbstbild und eine negative Einstellung zum eigenen Körper entsteht. 3 - 5% der betroffenen Jugendlichen leiden unter einer Binge-Eating-Disorder (BED - Heißhungerattacken ohne selbstinduziertes Erbrechen).
Epstein et al. fanden heraus, dass bei etwa 5 - 30% adipöser Kinder Ängstlichkeit und Depressivität vorliegen.
Zahlreiche Beispiele belegen auch wirtschaftliche Konsequenzen adipöser Personen. Übergewichtige bekommen ein geringeres Einkommen, haben schlechtere Aufstiegschancen und geringere Möglichkeiten zu höherer Bildung.
(vgl. Wabitsch et al., Adipositas bei Kindern und Jugendlichen,2005:226, Lehrke, Laessle, Adipositas im Kindes- und Jugendalter, 2009:10-12)

5 Prävention

Definition von Prävention

„Maßnahmen der Gesundheitsförderung und Prävention dienen der Vermeidung von Krankheiten und somit der Gesundheit der Menschen. Der Prävention der Adipositas kommt eine besondere Bedeutung zu, da Übergewicht und Adipositas epidemisch sind" (Leitlinien der AGA, 2014)

Die Prävention ist von großer Bedeutung und beginnt nicht erst im Kindes- und Jugendalter, denn die Weichen für Adipositas sind schon weit vorher gestellt. Die Faktoren während der fetalen Programmierung sowie der frühe nachgeburtliche Zeitraum bieten sich für Präventionsansätze an. (vgl. Wabitsch et al., Adipositas bei Kindern und Jugendlichen,2005:373)

Ohne den Einsatz von frühzeitigen Präventionsmaßnahmen wird auch in Zukunft kein Rückgang der Prävalenz möglich sein und die Folgen der daraus resultierenden Erkrankungen sind kaum überschaubar.

5.1 Früherkennung zur Adipositas-Entwicklung

In einem Artikel gab Prof. Dr. Petra Warschburger, die am Psychologischen Institut der Universität Potsdam die Abteilung Beratungspsychologie leitet, zu Wort, dass Untersuchungen ergaben, dass Eltern die selbst übergewichtig sind, dazu neigen, das Gewicht ihrer Kinder nicht richtig einzuschätzen und somit die damit verbundenen Gesundheitsrisiken unterschätzen. *„Die Eltern vergleichen ihr Kind mit anderen Kindern. Und da immer mehr Kinder übergewichtig sind, wird dies zunehmend als normal empfunden"*, so Warschburger gegenüber Medscape Deutschland. Zudem betonte Warschburger, dass Kinderärzte beispielsweise bei den U-Untersuchungen die Eltern darauf hinweisen, *„dass das Kind sich nicht in dem für seine Altersgruppe normalen Gewichtsbereich bewegt"*, um dann zu besprechen, welche Möglichkeiten es gibt, um einen weiteren Gewichtsanstieg zu verhindern.
Selbst wenn Eltern das Übergewicht ihrer Kinder erkennen, stehen für die betroffenen Kinder psychosoziale Komplikationen wie Stigmatisierung im Alltag als auch ein geringes Selbstwertgefühl im Vordergrund.
(vgl. http://www.medscapemedizin.de/artikel/4902613)

Um zu verhindern, dass Adipositas im Kindesalter fatale Ausmaße erreicht, sollte frühzeitig der bewusste Umgang mit Lebensmitteln gelehrt werden und ebenso sollte über die körperlichen Folgen von Übergewicht eine Aufklärung erfolgen.

5.2 Primäre Prävention

„Primärpräventionen sind alle Maßnahmen zur Förderung der Gesundheit und Vermeidung von Erkrankungen durch Ausschaltung von gesundheitsschädigend geltenden Faktoren" (Pschyrembel, 261 Auflage:1549)

Bei der primären Prävention der Adipositas im Kindesalter sollte vor allem der körperlichen Aktivität als auch der Ernährung eine besondere Betrachtung zukommen. Der Energiehaushalt sollte stets ausgeglichen sein, größerer Energieverbrauch, geringere Energieaufnahme durch die Nahrung. Präventive Maßnahmen zielen auf eine langfristig ausgeglichene Energiebilanz ab und sollten sich besonders auf das Kleinkind- und Schulalter konzentrieren.
Maßnahmen zur gesunden Ernährung sollten zwingend verstärkt werden, zudem kann die Förderung der körperlichen Aktivitäten und die Freude an der Bewegung ein positives Körperbewusstsein hervorrufen.
Da wir in einer Überflussgesellschaft leben, wo wir jederzeit die Möglichkeit haben, Nahrungsmittel mit hoher Energiedichte zu beziehen und gemeinsame Mahlzeiten im Familienkreis kaum mehr Bedeutung haben, muss die Gesellschaft erst wieder lernen umzudenken.
Die finanziellen Aufwendungen für primärpräventive Maßnahmen könnten unsere Gesundheitssysteme, die unter hohen finanziellen Druck stehen, auf lange Sicht gesehen entlasten.
(vgl. Zwiauer, Karl, Primäre Prävention von Adipositas in der Kindheit, Monatsschr Kinderheilkd. 1998 [Suppl 1] 146:S 88–S 94 © Springer-Verlag)

5.3 Sekundäre Prävention

Die sekundäre Prävention bezeichnet die Früherkennung, entsprechend Beratung sowie unterstützende Therapien und Verhaltensänderung.

Zum gegenwärtigen Zeitpunkt werden „Adipositas-Screenings" z.B. durch Aufnahme der BMI-Referenz in das Vorsorgeheft nicht empfohlen, da die festgeschriebene Möglichkeit einer effektiven Sekundärprävention nicht gegeben ist. In Deutschland sollen mehrere durchgeführte Studien zur Prävention von Übergewicht und Adipositas das Gegenteil beweisen. Von der mehrjährig angelegten Kiel-Obesity-Prevention-Study (KOPS) werden bezüglich der Kostenübernahme der gesetzlichen Krankenversicherungen Ergebnisse erwartet.

Die Kosten der Bestehensdauer des Übergewichts und die dadurch resultierende medizinische Versorgung steigen kontinuierlich. Bei einem Großteil der betroffenen Kinder wird Übergewicht und Adipositas im Erwachsenenalter fortbestehen und mit Folgeerkrankungen (Herzinfarkt, Bluthochdruck, Diabetes Typ 2) einhergehen. Dies wird erhebliche direkte als auch indirekte Kosten mit sich bringen. Eine Studie (Konnopka et. al., 2010) ergab, dass die Gesamtkosten für Übergewicht und Adipositas in Deutschland im Jahr 2002 auf 9873 Milliarden Euro geschätzt werden konnte (4854 Milliarden Euro indirekte Kosten und 5019 Milliarden Euro direkte Kosten).
(vgl. H.-H. König, T. Lehnert, S. Riedel-Heller, A.Konnopka, Prävention und Therapie von Übergewicht und Adipositas im Kindes- und Jugendalter aus gesundheitsökonomischer Sicht, Bundesgesundheitsbl 2011, 54:611–620 DOI 10.1007/s00103-011-1262-9 Online publiziert: 3. Mai 2011 © Springer-Verlag, Wabitsch et al., Adipositas bei Kindern und Jugendlichen, 2005:395)

5.4 Prävention der kindlichen Adipositas durch die Säuglingsernährung

Wie schon bei der Genetik erwähnt gibt es prä- und postnatale Einflussfaktoren, welche das kindliche Adipositas-Risiko begünstigen. In zahlreichen Studien und drei Metaanalysen konnte nachgewiesen werden, dass Stillen einen schützenden Effekt auf das spätere Adipositas-Risiko hat. Durch den geringen Eiweißgehalt in der Muttermilch kommt es zu einer geringeren Gewichtszunahme im Säuglingsalter im Vergleich zu Säuglingsnahrung. Allerdings enthält die Muttermilch adipöser Mütter einen erhöhten Eiweißgehalt, was zu einer vermehrten Zunahme der Kinder beitragen kann. Die Verminderung der Gewichtszunahme in den ersten beiden Jahren könnte das Adipositas-Risiko im Jugendalter um ca. 13% vermindern.

Man spricht von einer früh metabolischen Programmierung der langfristigen Gesundheit, wenn prägende Auswirkungen veränderlicher Faktoren während der frühen Entwicklung vorliegen.

(vgl. D. Oberle et.al., Monatsschr Kinderheilkd 2003, [Suppl 1] 151:S58–S64 DOI 10.1007/s00112-003-0792-0 © Springer-Verlag, Metabolische Prägung durch frühkindliche Ernährung: Schützt Stillen gegen Adipositas?)

Für eine gesunde Entwicklung und das Wohlbefinden sind eine gesunde und ausgewogene Ernährung und reichlich Bewegung von großer Bedeutung. Das Netzwerk „Gesund ins Leben – Netzwerk Junge Familie", ein Projekt von IN FORM, entwickelte Handlungsempfehlungen für Kleinkinder im Alter von 1 - 3 Jahren bezüglich der optimalen Ernährung und Bewegung. Im 2. Lebensjahr werden Kinder beim Essen und Trinken immer selbstständiger und übernehmen familiäre und kulturelle Gewohnheiten. Eltern sollten ihre Kinder bei dem Prozess des essen-lernens unterstützen. Ebenso werden Bewegungsabläufe komplexer und fließender. Bewegung ist nicht nur wichtig für die Gesundheit, sondern auch zur Begreifung der Umwelt im Kleinkindalter. Die Bewegungsförderung wirkt sich langfristig auf die Ess- und Bewegungsgewohnheiten bis ins Erwachsenenalter aus.

<u>Folgende Empfehlungen werden gegeben:</u>

- Abwechslung von regelmäßigen Mahlzeiten und essensfreien Zeiten
- Mahlzeiten sollten in freundlicher Atmosphäre gemeinsam erfolgen
- Eltern sollten auf die Hunger- und Sättigungssignale achten
- Mahlzeiten sollten abwechslungsreich und ausgewogen sein, somit kann der Bedarf des Kleinkindes gedeckt werden
- Harte Lebensmittel wie z.B. Nüsse sind nicht für Kleinkinder geeignet, da sie die Erstickungsgefahr erhöhen
- Rohe sowie nichterhitzte tierische Lebensmittel sind nicht empfehlenswert und sollten vermieden werden
- Lebensmittel sollten nicht ohne ärztliche Diagnose wegen einer eventuellen Unverträglichkeit weggelassen werden
- Eltern sollten ihre Kinder aktiv bei körperlichen Aktivitäten unterstützen
- Der kindliche Bewegungsdrang sollte nicht eingeschränkt werden
- Begrenzung von Inaktivität

Leben Eltern ihren Kindern einen gesunden und bewussten Lebensstil vor, können Übergewicht und Adipositas vorgebeugt werden.
(vgl.
http://www.gesundinsleben.de/fileadmin/SITE_MASTER/content/Dokumente/Downloads/Medien/3418_2013_he_kleinkinder.pdf)

Lebensmittel-gruppe	Nährstoffe	Bevorzugt auswählen	Besondere Hinweise
Reichlich			
Getränke (ungesüßt / zuckerfrei)	Wasser	Trinkwasser (Leitungswasser), Mineralwasser, ungesüßte Kräuter- und Früchtetees	Kräuter- und Früchtetees nicht ausschließlich anbieten und Sorten wechseln
Gemüse und Obst	Provitamin A, Folat, Vitamin C, Kalium, Magnesium, Ballaststoffe	Alle Gemüse- und Obstarten, Hülsenfrüchte und Salat	Gemüse fettarm zubereiten, roh und gegart; Obst am besten roh, Sprossen und Tiefkühlbeeren nur nach intensiver Erhitzung
Getreideprodukte / Kartoffeln	Vitamin B_1, Magnesium, Ballaststoffe (Vollkornprodukte)	Vollkornprodukte mehrmals täglich, Brot aus fein gemahlenem Vollkornmehl	Kein Brot mit ganzen oder zerkleinerten Nüssen (Aspirationsgefahr) Wenig frittierte und andere fettreiche Kartoffelzubereitungen (Pommes frites, Reibekuchen)
Mäßig			
Milch und Milchprodukte	Eiweiß, Calcium, Jod, Vitamin B_2, Vitamin B_{12}	Pasteurisierte und hoch erhitzte fettarme Milch und Milchprodukte (1,5% Fett) und Käse unter 50% Fett i. Tr.	Keine Rohmilch und Rohmilchprodukte. Wenn noch gestillt wird, ersetzt Muttermilch einen Teil der Milch und Milchprodukte
Fleisch, Wurst, Fisch, Ei	Eiweiß, Vitamin B_1, Vitamin B_6, Vitamin B_{12}, Niacin, Biotin, Eisen, Zink Meeresfisch: Vitamin D, Jod, langkettige Omega-3-Fettsäuren (fettreiche Arten)	Magere Fleischstücke, fettarme Wurstsorten, Fischfilet ohne Gräten (fettarme und fettreiche Meeresfische)	Fleisch, Fisch und Ei immer gut erhitzen. Keine Rohwurst. Wenig fettreiche Zubereitungen (z.B. Paniertes und Frittiertes)

Sparsam			
„Feste" Fette (Fette mit hohem Anteil an gesättigten Fettsäuren)	Fett		Pflanzliche Öle (z.B. Rapsöl) bevorzugt verwenden (Omega-3- und Omega-6-Fettsäuren)
Süßigkeiten, süße Getränke, süße Backwaren, Snackprodukte			

Tab. 3: Lebensmittelgruppen, Bedeutung für die Nährstoffversorgung und Empfehlungen zur Auswahl
Quelle:
http://www.gesundinsleben.de/fileadmin/SITE_MASTER/content/Dokumente/Downloads/Medien/3418_2013_he_kleinkinder.pdf

✓ Eine Portion Getreide/-produkt (Brot, Flocken, Nudeln, Reis, Grieß) oder Kartoffeln
✓ Eine Portion Gemüse oder Obst
✓ Eine Portion tierisches Lebensmittel (Milch/-produkt, Fleisch, Fisch, Ei
✓ Dazu ein kleines Glas eines ungesüßten/zuckerfreien Getränks

Tab. 4: Beispiel für eine empfehlenswerte Zusammensetzung einer Hauptmahlzeit
Quelle:
http://www.gesundinsleben.de/fileadmin/SITE_MASTER/content/Dokumente/Downloads/Medien/3418_2013_he_kleinkinder.pdf

Süßigkeiten und fettreiche Snacks werden toleriert und dürfen bei einer täglichen Gesamtenergiezufuhr von bis zu 10% verzehrt werden. Folgende Mengenempfehlungen für 1- bis 3-jährige zeigen die erreichte bzw. zum Teil überschrittene tägliche Gesamtenergiezufuhr an:

- ✓ ein kleiner Schokoladenriegel von 20 g
- ✓ 30 g Salzstangen
- ✓ 4 Esslöffel Erdnussflips
- ✓ ca. 200 ml Limonade
- ✓ zwei Esslöffel Marmelade
- ✓ 4 Butterkekse
- ✓ vier Spekulatius
- ✓ ein Schokokuss
- ✓ eine Portion Nuss-Nougat-Creme
- ✓ eine Kugel Eis
- ✓ zwei kleine Portionspackungen Gummibärchen
- ✓ ein Doppelkeks mit Kakaocremefüllung

6 Schlussbetrachtung

Bei der Entstehung der Ad positas sind meiner Meinung nach vor allem die „äußeren Einflussfaktoren" von Bedeutung und von daher sollte unseren Kindern frühzeitig eine positive Lebensgewohnheit vorgelebt werden. Eine ausgewogene Ernährung sowie ausreichende Bewegung sollten eine bedeutende Rolle in unserem Leben und dem unserer Kinder spielen. Leider sind sich in unserer Gesellschaft die Menschen der Folgen von Bewegungsarmut und ungesunder Ernährung nicht bewusst.

Adipositas ist eine ernstzunehmende Erkrankung, die mit vielen gesundheitlichen Folgeerscheinungen einhergeht. Stigmatisierung und körperliche Einschränkung sind nur ein geringer Teil dessen, was betroffene Kinder als zusätzliche Last tragen müssen. Eltern haben die Verantwortung, den Grundpfeiler für eine bewusste, gesunde Lebenseinstellung zu setzen, da sie als Vorbild fungieren.

Der Verzehr der Nahrungsmenge sowie die Nahrungsmittelzusammensetzung und das vielfältige Angebot an Nahrungsmitteln hat sich im Vergleich zu früheren Zeiten stark gewandelt. Die Medien tragen zu dieser Entwicklung einiges bei, sie vermitteln Kindern ein vollkommen falsches Bild einer gesunden Ernährung. Beworben werden „gesunde" Süßigkeiten mit einem extra Zusatz von Vitaminen und ohne Fett, Nuss-Nougat-Aufstrich der Energie bringt, Schokoriegel, welche für gute Laune sorgen, süße Snacks für den kleinen Hunger zwischendurch und all die anderen wunderbaren Naschereien, die unseren Kindern eigentlich nur Positives suggerieren. Allerdings ist dies Augenwischerei und irreführend für Kinder, denn der Zucker ist trotzdem enthalten und fördert den Weg zu übergewichtigen / adipösen Kindern.

Hier sollte die Politik unbedingt gesetzliche Vorschriften zur Lebensmittelwerbung in Betracht ziehen. Eine Lebensmittelkennzeichnung nach dem Ampelsystem sollte unbedingt eingeführt werden. Eine rote, gelbe oder grüne Kennzeichnung soll dem Verbraucher helfen, gesunde und ungesunde Lebensmittel unterscheiden zu können und einen Weg zur Gesundheitsförderung zu legen.

Eine frühe Förderung von Ernährungs- und Bewegungsverhalten sollte auch schon in der Kita erfolgen, um die Kinder bewusst an einen gesunden Lebensstil heranzuführen. Gemeinsame Zubereitung von ausgewogenen Speisen sowie die Wertschätzung der einzelnen Lebensmittel und ein abwechslungsreiches Bewegungsangebot sollten unbedingt gelehrt werden.

Wenn wir Kindern ein gesundes Leben ermöglichen wollen, müssen wir Erwachsenen es vorleben. Dazu müssen allerdings alle Beteiligten an einem Strang ziehen und umdenken. Die Prävalenz an Adipositas und die Folgeerkrankungen würden zurückgehen und unser Gesundheitssystem wäre an diesem Punkt entlastet.

Unsere Kinder haben es verdient, ein gesundes, unbeschwertes Leben mit hoher und bester Lebensqualität genießen zu können. Dies gehört zu unserer Sorgfaltspflicht als Vorbild und dieser sollten wir in allen Lagen bewusst nachkommen.

Arterielle Hypertonie	Bluthochdruck
Arteriosklerose	Bei der Arteriosklerose lagern sich Fett, Bindegewebe, Thromben und Kalk in den Blutgefäßen ab.
Cholezystolithiasis	Gallensteinleiden
Diabetes mellitus	chronische Stoffwechselerkrankung, die zu einem erhöhten Blutzuckerspiegel führt, Zuckerkrankheit
Dyslipidämie	Fettstoffwechselstörung
Dyzigote Zwillinge	zweieiiges Zwillingspaar
Endometrium	Schleimhaut im inneren der Gebärmutter
Femurkopf	oberes Ende des Oberschenkelknochens
Fertilität	Fruchtbarkeit
Gastrointestinales System	Verdauungssystem
Gonarthrose	Kniegelenksarthrose
Gynäkomastie	Vergrößerung der männlichen Brustdrüsen
Hämostase-Störung	Blutgerinnungsstörung
Herzinsuffizienz	Herzschwäche
Hirsutismus	vermehrte Körperbehaarung bei Frauen (z.B. Brusthaare, Bartwuchs durch Bildung von männlichen Hormonen)
Hyperfibrinogenämie	vermehrter Fibrinogengehalt im Blutplasma, welcher zu einer beschleunigten Blutkörperchensenkungsgeschwindigkeit führt.
Hyperurikämie	Der Harnsäurespiegel im Blut ist erhöht.
Intertrigo	juckende und nässende Entzündungen in Hautfalten
Intrauterine	innerhalb der Gebärmutter
Kardiovaskuläres System	besteht aus dem Herzen und den Blutgefäßen und ist für die Aufrechterhaltung des Blutkreislaufes verantwortlich
Karzenom	Krebsgeschwulst, meist bösartig
koronare Herzkrankheit	chronische Herzerkrankung, ausgelöst durch Arteriosklerose → „Arterienverkalkung"
Koxarthrose	Abnutzung des Knorpels im Hüftgelenk
linksventrikuläre Hypertrophie	Hypertrophie → Vergrößerung des Gewebes, in diesem Fall ist der Herzmuskel der linken Herzkammer betroffen

metabolisch	Stoffwechselbedingt
monozygote Zwillinge	eineiiges Zwillingspaar
Neoplasien	Neubildung von Körpergeweben, häufig verwendet in Bezug auf bösartige Tumoren
Pickwick-Syndrom	
Plasminogen-Aktivator-Inhibitor	Proteine, die im Blut an der Gerinnung beteiligt sind
Prävalenz	Krankheitshäufigkeit
Reluxösophagitis	Entzündung der Speiseröhre, Sodbrennen
Respiratorisches System	alle Organe, welche der Atmung dienen
Schlafapnoe	Störung der Atmungsregulation im Schlaf
Striae	Dehnungsstreifen der Haut
venöse Insuffizienz	Erkrankung der Beinvenen, gestörter Blutfluss im Bereich der Unterschenkel und Füße
Zervix	Gebärmutterhals

8 Literaturverzeichnis

Academy of Sports, Backnang, Lehrskript Kleinkinderernährung

Alfred Wirth, Adipositas, Epidemiologie, Ätiologie, Folgekrankheiten, Therapie, 2., überarbeitete und erweiterte Auflage, Springer-Verlag Berlin Heidelberg New York, 2002

Bundesgesundheitsblatt 2010, 53:707–715, DOI, 10.1007/s00103-010-1081-4, Online publiziert: 11.Juni 2010, © Springer-Verlag, D. Lange, S. Plachta-Danielzik, B. Landsberg, M.J. Müller, Soziale Ungleichheit, Migrationshintergrund, Lebenswelten und Übergewicht bei Kindern und Jugendlichen

Bundesgesundheitsblatt 2011 H.-H. König, T. Lehnert, S. Riedel-Heller, A.Konnopka, Prävention und Therapie von Übergewicht und Adipositas im Kindes- und Jugendalter aus gesundheitsökonomischer Sicht, 54:611–620 DOI 10.1007/s00103-011-1262-9 Online publiziert: 3. Mai 2011 © Springer-Verlag

D. Oberle A. M. Toschke, R. von Kries, B. Koletzko, Metabolische Prägung durch frühkindliche Ernährung: Schützt Stillen gegen Adipositas?, Monatsschrift Kinderheilkunde 2003 · [Suppl 1] 151:S58–S64 DOI 10.1007/s00112-003-0792-0 © Springer-Verlag

F. Louwen, Fetale Programmierung, Gynäkologe 2014·, 47:655–659 DOI 10.1007/s00129-014-3402-4 Online publiziert: 31.August 2014 ©Springer-Verlag Berlin Heidelberg, 2014

Gesundheitsberichterstattung des Bundes, Übergewicht und Adipositas, RKI, Heft 16:12

I. Pigeot, W. Ahrens, Bremer Institut für Präventionsforschung und Sozialmedizin, XXL– die neue Generation?, Bundesgesundheitsblatt 2010, 53:641–642 DOI 10.1007/s00103-010-1087-y © Springer-Verlag 2010

Leitlinien der AGA, 2014

Leitlinien der Arbeitsgemeinschaft Adipositas im Kindes- und Jugendalter (AGA), S2-Leitlinie Version 2012

Martin Wabitsch, Karl Zwiauer, Johannes Hebebrand, Wieland Kies, Adipositas bei Kindern und Jugendlichen – Grundlagen und Klinik, Springer Medizin-Verlag Berlin Heidelberg, 2005

Matthias Richter, Klaus Hurrlemann, Andreas Klocke, Wolfgang Melzer, Ulrike Ravens-Sieberer, Gesundheit, Ungleichheit und jugendliche Lebenswelten, Ergebnisse der zweiten internationalen Vergleichsstudie der Weltgesundheitsorganisation WHO, Juventa Verlag Weinheim und München, 2009

Petra Warschburger, Franz Petermann, Carmen Fromme, Nancy Wojtalla, Adipositastraining mit Kindern und Jugendlichen – Materialien für die klinische Praxis, Psychologie Verlags Union Weinheim, 1999

Robert Koch-Institut, Gesundheitsberichterstattung des Bundes Heft 16 - Übergewicht und Adipositas

Robert Koch-Institut, Schwerpunktbericht der Gesundheitsberichterstattung des Bundes – Gesundheit von Kindern und Jugendlichen

Roche Lexikon Medizin, Urban & Fischer Verlag München und Jena, 5. Auflage, 2003

Sonja Lehrke, Reinhold G. Laessle, Adipositas im Kindes- und Jugendalter – Basiswissen und Therapie, Springer Medizin Verlag Heidelberg, 2. Auflage, 2009

Walter de Gruyter, Pschyrembel – Klinisches Wörterbuch, 261. Auflage, 2007

Zwiauer, Karl, Primäre Prävention von Adipositas in der Kindheit, Monatsschr Kinderheilkd 1998 · [Suppl 1] 146:S 88–S 94 © Springer-Verlag

9 Internetquellen

http://www.stern.de/gesundheit/ernaehrung/uebergewicht-abnehmen/uebergewicht-bei-kindern-generation-pommes-615768.html
06.11.2014

http://www.stern.de/wissen/mensch/uebergewichtige-kinder-generation-xxl-524828.html
06.11.2014

http://www.spiegel.de/gesundheit/ernaehrung/us-studie-dicke-kindergartenkinder-werden-dicke-schulkinder-a-946338.html
06.11.2014

http://www.euro.who.int/en/health-topics/noncommunicable-diseases/obesity
06.11.2014

http://www.rki.de/SharedDocs/Publikationen/DE/2007/M/Moss_A.html?nn=2384400&cms_abstrakt=true
06.11.2014

http://www.aga.adipositas-gesellschaft.de/index.php?id=321
06.11.2014

http://www.gesundinsleben.de/fileadmin/SITE_MASTER/content/Dokumente/Downloads/Medien/3418_2013_he_kleinkinder.pdf
06.11.2014

https://www.rki.de/DE/Content/Gesundheitsmonitoring/Gesundheitsberichterstattung/GBEDownloadsB/KiGGS_Referenzperzentile.pdf?__blob=publicationFile
06.11.2014

http://www.medscapemedizin.de/artikel/4902613
06.11.2014